丁钉小组探秘之旅

# 荒野危机四伏

于启斋 著

山东城市出版传媒集团·济南出版社

**图书在版编目(CIP)数据**

荒野危机四伏 / 于启斋著 . -- 济南 : 济南出版社，
2021.1
（丁钉小组探秘之旅）
ISBN 978-7-5488-4341-2

Ⅰ . ①荒… Ⅱ . ①于… Ⅲ . ①自然科学－青少年读物
②安全教育－青少年读物 Ⅳ . ① N49 ② X956-49

中国版本图书馆 CIP 数据核字 (2020) 第 218971 号

| | |
|---|---|
| **出 版 人** | 崔　刚 |
| **责任编辑** | 韩宝娟　姜海静 |
| **装帧设计** | 谭　正 |
| **封面绘图** | 王桃花 |
| **内文插图** | 李　霞 |

---

| | |
|---|---|
| **出版发行** | 济南出版社 |
| **地　　址** | 山东省济南市二环南路1号 |
| **邮　　编** | 250002 |
| **印　　刷** | 东营华泰印务有限公司 |
| **版　　次** | 2021 年 1 月第 1 版 |
| **印　　次** | 2021 年 1 月第 1 次印刷 |
| **成品尺寸** | 150 mm × 230 mm　16 开 |
| **印　　张** | 5.75 |
| **字　　数** | 60 千 |
| **印　　数** | 1 — 3000 册 |
| **定　　价** | 29.80 元 |

---

**（济南版图书，如有印装错误，请与出版社联系调换。联系电话：0531-86131736）**

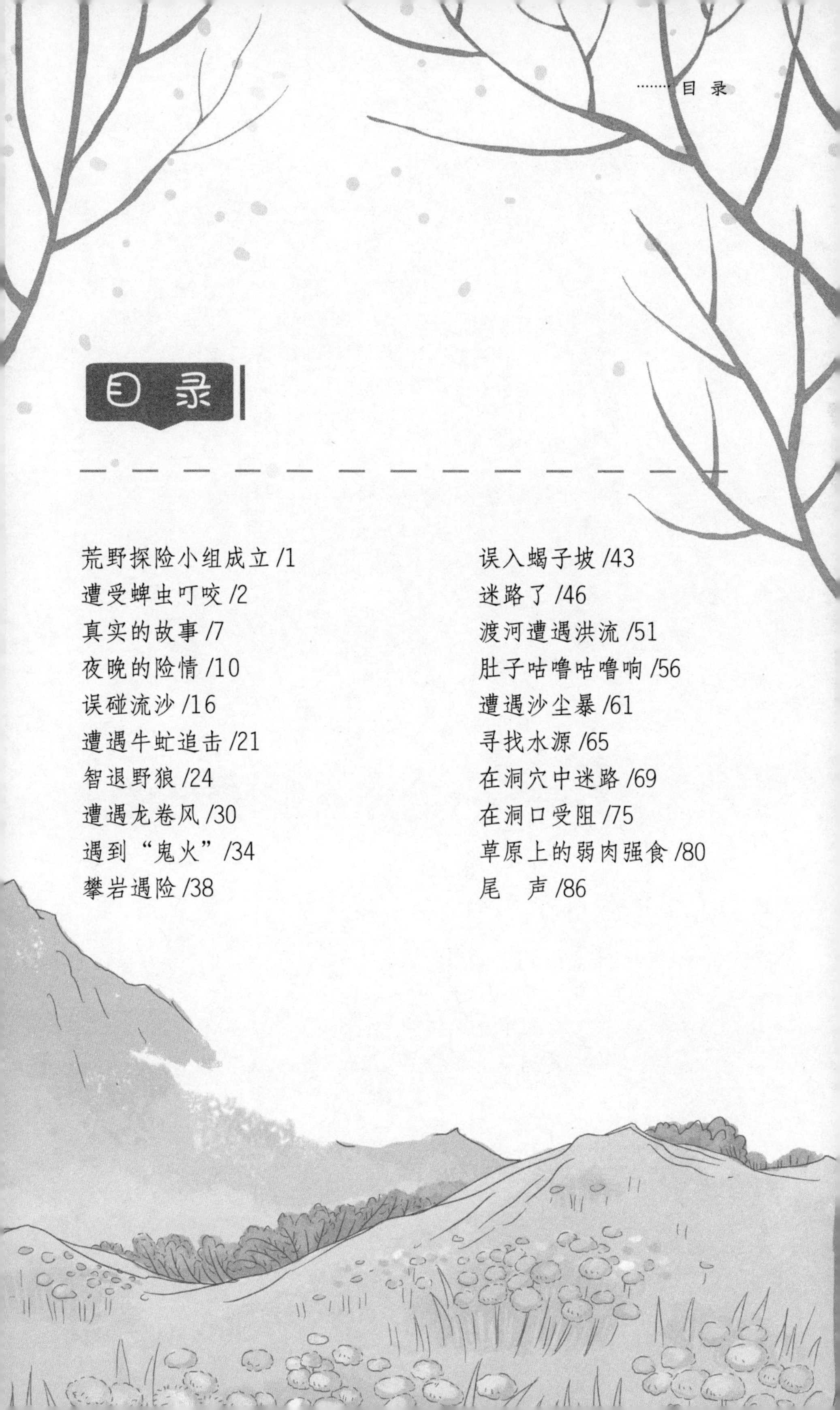

# 目录

# 荒野探险小组成立

丁钉、豆富、姜雅和迟兹第一次结伴旅行之后，就对外出旅行上了瘾，这个暑假，他们准备去荒野感受大自然的气息。

这一次还是姜老师带队。出发前，丁钉小组有板有眼地举行了出发仪式。丁钉代表荒野探险小组发言：

花朵的美丽，需要阳光、水分的滋润；

孩子的成长，需要困难、挫折的历练。

风吹雨打的青松，更加挺拔；

经过历练的孩子，更加坚强。

这次旅程中，我们将严格要求自己，

一定做到：

遵守纪律，不单独活动；

团结友爱，相互帮助；

安全归来，不让父母担心！

# 遭受蜱虫叮咬

几次转车后，丁钉小组来到一片长满杂草和灌木，没有乔木的荒野。他们决定徒步穿越这里。

这里的野草十分茂密，最高的地方可到人的胸口，在里面行走十分困难。

丁钉对大家说：“我们要把脚踝、手腕等地方的衣服用皮筋捆好，免得虫子钻到衣服里。”

大家收拾妥当后，背好背包出发了。姜老师走在前面，给大家带路。

豆富紧跟在姜老师身后，说：“这里的草这样茂密，会不会藏着大灰狼呢？”

“这就要看你的运气了。”丁钉说，“狼的数量越来越少，一般看不到它们了。”

“那应该有野兔吧？”豆富继续问。

“兔子藏在草丛中，我们踩不到它，它才懒得动弹呢。”迟兹说，“这样密的草，兔子藏在里面，我们去哪里找它呀！”

“豆富你不要想着狼、兔子什么的，应该注意蛇才对。”姜雅开玩笑地说，“蛇藏在野草里很难被发现。”

“对呀，姜雅不提醒我都忘了。”豆富说，“我们应该找一根长棍子，一边走，一边敲打着，让蛇早早发现我们，及时逃走。”

说话间，嘭的一声，豆富被野草绊倒，摔了个“嘴啃泥”。他急忙爬起来，说：“哎呀！这草地不好走，还给人使绊子。”

“我们走路要抬起脚，把野草向前踩，这样会好一些。”丁钉提醒大家。

丁钉小组走出野草地，来到一处丘陵地带。豆富说：“我们休息一会儿吧，这里的野草地很难走。”

“好吧，我看大家都累了，我们休息一会儿再走。”丁钉点了点头说。

大家找到一块干燥的地方坐下。丁钉这才注意到豆富的裤子比较短，便说：“我们穿越荒野的时候要穿长裤，豆富，你的裤子怎么这么短？”

豆富不当回事，说：“这样不是凉快些吗？穿长裤捂得慌。”

丁钉说：“不穿长裤长袜，不扎紧脚踝、手腕处的衣服，可能会被蚂蟥、蜱虫袭击。”丁钉一边说一边察看豆富露出的脚踝部，怎么有小黑点呢？丁钉忙问：“豆富，你脚踝处有黑痣吗？”

“没有啊。”豆富说完低头看了看，“哎呀！这是什么东西，沾到我的皮肤上了！”

这些小黑点怎么还会活动呢？丁钉暗道一声不好，不会真的是蜱虫吧？他靠近仔细观察，又回想了一下自己见过的蜱虫照片，终于确认，这些小黑点就是蜱虫。

蜱虫，又叫壁虱、扁虱、草爬子等，专门吸人或动物的血液。平时只有火柴头般大小，甚至更小，一旦吸足了血就会变得很大。

豆富急忙用手往下扑，但扑不下来。他想用手拔，丁钉急忙制止他：“豆富，不能用手拔，蜱虫身体被拔断，头部留在里面就麻烦了。也不能挤压，免得蜱虫释放体液到你体内，它的体液中含有病原体。我带了镊子和酒精棉球，我给你处理。”说着，丁钉用镊子夹住酒精棉球，涂抹在蜱虫身上。

“这样有用吗？”迟兹好奇地问。

“有用。”丁钉一边处理蜱虫一边说，“你看，蜱虫受到酒精的刺激，退出来了，这样我就可以用镊子把它夹起来扔掉了。”丁钉随手将一个蜱虫给夹了起来。

豆富惊讶地说：“已经吸了这么多血了！”

“蜱虫可以24小时吸血。当动物路过它身边时，它会借助草的弹力落到动物身上吸血。”丁钉说。

“豆富的脖子上还有一个蜱虫！”迟兹惊呼。

“怪不得我觉得脖子痒！”豆富惊慌地说，“不会中毒吧？”

“被蜱虫叮咬后可能会有乏力、头疼、恶心、呕吐等症状。”丁钉一边处理一边说，“严重的会引起皮肤出血、发炎，那样就需要到医院治疗了。”

姜老师说："丁钉的处理方法很科学。如果没有酒精，也可以点燃一支烟，用烟的火烤蜱虫，蜱虫退缩后，再用镊子把它捏起来。"

丁钉小组仔细地检查了一下豆富身上，确认没有蜱虫了才放心。姜老师说："虽然已经把蜱虫处理干净了，但是安全起见，我们再到医院检查一下。"

大家纷纷点头，开始往回走。

# 真实的故事

去医院的路上，姜老师想起一件往事，说：“我曾经养过一只野兔，在它的身上就发现过蜱虫。”

“我听说野兔很难养，老师您是怎么养的呀？”丁钉十分惊奇。

姜老师见大家对养野兔的事情很感兴趣，便讲起往事：“我有一个学生叫赵一磊，他的姨母住在农村。有一年夏天，她上山锄草，发现了一只比刚出壳的小鸡略大一点的野兔。她捉住这只小野兔，给了赵一磊。但是无论赵一磊给它喂什么它都不吃，赵一磊怕它饿死，所以他把兔子送给了我，希望我能养活它。

“别人都说野兔子气性大，人工养不活，我想试一试能不能成功。当时，我住在学校宿舍，那是两间平房，有一个院子，我种了点蔬菜，还养了一只家兔。我将赵一磊送给我的野兔放到笼子里，盛了一浅碟清水放到里面，又把一个苹果削皮后切了一块放进去。小兔子缩在笼子一角，不喝水不吃食，我猜它有些害怕，于是就离开了。

“半个小时后，我悄悄走近笼子，发现小野兔竟在那里啃苹果。我想，可能是因为饿到极限了，出于本能，它才开始吃东西了。

“后来，我喂它其他食物，小野兔也会吃。时间久了，即使我站在笼子前，小野兔也会照常吃食。我们逐渐熟悉起来。

“一天，我发现小野兔总是用前肢搔头部，这是怎么回事呢？我仔细观察后，发现它的眼皮上有一颗突出的类似黑痣的东西，在我的印象中，小野兔的眼皮上似乎没有这个东西。于是我戴上皮手套，捉住小野兔仔细一看，发现是一只虫子。我用镊子把这个小东西夹了下来，原来是人人厌恶的蜱虫，它已经吸了不少血液。从那时起，我知道动物身上容易招蜱虫，应该经常观察，帮助它清理。

“后来，我又养了一只松鼠，十分可爱。”姜老师是动物爱好者，有很多养动物的经历，“我在松鼠身上也发现过蜱虫。所以，我对蜱虫有着比较深刻的印象，它们真是无孔不入啊！”

“这些蜱虫真可恶！”豆富痛恨地说。他用手摸了摸被蜱虫吸血的脖子，还有点发痒呢！他不放心地问身边的丁钉：“你看我脖子上有没有蜱虫了？”

“豆富，你是不是一朝被蛇咬，十年怕井绳啊，怎么草木皆兵呀？”

“我恨死蜱虫了，恨不得在荒野上点火，把蜱虫烧个干干净净。”

“你想一想，这现实吗？”丁钉说，“你能把地球上的蜱虫都烧死吗？”

豆富一想，不言语了。

丁钉小组到了当地一家医院，他们请医生诊断了一下豆富被蜱虫咬伤的地方。医生听了丁钉小组的处理方法，说：“你们的处理方法很得当，为了预防感染其他疾病，我给他消一消毒，再处理一下，不会有问题的，放心。”

处理完后，丁钉小组马不停蹄地继续他们的荒野探险之旅。

# 夜晚的险情

太阳西下，天色渐暗，大家开始考虑晚上住宿的问题了。

丁钉观察了一下附近的地形，说："前面有一个地方比较高，我们最好在那里住宿。大家加把劲，赶一赶路吧！"

大家一听要安营休息了，都高兴起来，加快了脚步。

赶到目的地后，丁钉说："我们是第一次在荒野中露宿，我先给大家强调一下注意事项。"

"哥儿们，不就是住宿吗？支好帐篷睡觉就行。"豆富不屑地说。

"那可不是，选择露宿的地方可有学问呢。"丁钉严肃地说，"豆富，你觉得应该选什么样的地方支帐篷呢？"

"能够睡觉的地方就行。"豆富不加思索地说道。

"错！"丁钉说，"首先必须是干燥的地方，这个大家容易理解；其次看一看周围有没有干燥的木柴、干草，晚上可以点火烤一下湿衣服，还能驱赶一些野兽；要察看周围有没有可以喝的干净的水；搭帐篷的地点附近还不能有蚁穴；还要注意帐篷不能支在大树及枯树下等。这些你都知道吗？”

豆富瞪大了眼睛，惊讶地说：“原来荒野露营这么讲究呀！帐篷周围为什么不能有蚁穴呢？我们怕它不成？”豆富嘴硬。

“晚上可能会被蚂蚁咬伤，或者蚂蚁在身上爬，影响睡眠。”丁钉解释。

“为什么帐篷不能支在大树下呢？”迟兹不解。

“这个你还不知道呀。这是以防晚上有雷雨，遭到雷击。”丁钉解释着，“另外，不能在枯树下支帐篷还是为了避免晚上刮大风，吹断树枝掉下来砸伤我们。”

“现在是夏天，可以判断出不长叶子的树是枯树，但到了冬天，北方的树木都落叶了，该怎么判断呀？”豆富想到了另一个问题。

“可以根据啄木鸟的巢穴来判断，它们一般会选择枯树筑巢，而且尤其要注意啄木鸟巢穴上方的树枝，那里最容易折断。”

“哎呀，丁钉，你怎么知道这么多呀！”豆富十分惭愧。丁钉是正组长，自己是副组长，可是自己什么也不知道。看来自己要好好向丁钉学习，否则，差距就是孙悟空一个筋斗的距离——十万八千里。

“你以为当组长那么容易吗？”丁钉教训道，“需要事前多学、多问，知道吗?!”

“知道了，丁钉，我一定多向你学习。”豆富坦诚地说。

说话间，大家各自选择了一个合适的地方，把帐篷支好了。

随后，丁钉小组开始吃饭。

豆富将吃剩的食物随便乱扔，丁钉见到后说：“豆富，你这个习惯很不好。这样乱扔食物，很可能招来狗熊等野兽，它们会闻着食物的气味寻来的。”

“哎呀，丁钉，现在哪有那么多野兽呀！”豆富没有当回事。

吃完饭，大家都有些无聊。豆富四下观察了一下，对大家说：“我听着远处有流水声，我们去看看怎么样?如果能钓鱼就好了，我可带着鱼钩呢！”

姜老师说：“你们去吧，注意安全，我在这里看东西。”

丁钉小组走了大约 100 米，发现一条小沟，沟里有潺潺流水。豆富的耳朵果然灵敏。

豆富走近仔细一看，隐约看见溪水中有鱼在游动。他兴奋地说：“真的有鱼，我把鱼钩下到这里，明天我们再来看有没有鱼上钩。”说着，他从包里掏出鱼钩。

迟兹不解地问："豆富，你有鱼食吗？总不能姜太公钓鱼——愿者上钩吧？"

"鱼食还不有的是，你看我的。"豆富折断一根树枝，用树枝挖掘溪边的松土，不一会儿，竟挖出一条蚯蚓来。"这不，鱼食来了嘛。"豆富又挖了几条蚯蚓，然后把蚯蚓小心地挂在鱼钩上。

豆富的鱼钩是排钩，在一根渔线上系了很多鱼钩。豆富将有鱼钩的一端系上石子，让其沉到水底；另一端系在水边的小树上。一切安排妥当，豆富说："我们回去吧，明天一早，我们一起来看看能钓到多少鱼。"

"这么简单吗？"姜雅不解地问。

"是啊。"豆富自豪地说，"如果钓得多的话，我们就可以改善一下生活了，还能省下我们带的食物。"

就这样，大家带着期盼的心情回到了宿营地。时间已经不早了，大家钻进帐篷，很快就进入了梦乡。

清晨，太阳还没露出地平线，荒野上就不安静了。鸟儿叽叽喳喳地叫着，似乎在说新的一天开始了；远处还传来了其他动物的叫声。

丁钉率先醒了过来，他把大家叫起来，说："走，去看看豆富的排钩怎么样了。"

大家正准备离开营地，丁钉突然发现帐篷周围有不少动物脚印。丁钉警惕地察看了一下四周，惊讶地说：

“昨晚真有熊来过这里，你们看，每一个帐篷周围都有几圈脚印。”

“我们睡前不是生火了吗？”豆富想起动物怕火。

“我们点的那点柴火，两三个小时就会燃烧完，动物来也很正常。”丁钉解释。

姜老师说：“我们都睡得太沉了，没有听到。这太危险了，万一它们攻击我们，情况就不妙了。”

再看地面，豆富吃饭时留下的一些食物残渣已经没有了。“熊应该是闻到了食物的味道，过来找东西吃。”丁钉分析着。大家都同意地点了点头。

“这里有野兽，以防意外，我们收拾好背包，马上离开这里。”姜老师说。

“姜老师，我们去看一下昨晚放置的排钩，马上回来。”豆富怎么会忘记他的鱼钩呢。

“我们拿好东西，一起去看一看。”姜老师这回不放心了，决定和孩子们一起行动。

他们来到前一晚放置排钩的地方，豆富把绑在树上的渔线解开，慢慢往上提，只见排钩上有七八条鱼，只是，可能是上钩的时间比较长了，都已经死了。“真的有鱼上钩呢！”豆富高兴地说。

大家兴高采烈地把鱼摘下来，然后用一根草棍从鱼鳃处穿入，将鱼串了起来，由迟兹提着。豆富把鱼钩线挽好，大家又急急忙忙向新的目的地出发。

豆富钓的鱼只能在下一站做烧烤了，眼下是不行了。

# 误碰流沙

这天中午，丁钉小组来到一片比较低矮的草地。这里有很多不知名的植物，开着非常艳丽的花朵，让人十分留恋。

一路上他们谈笑风生，感受着大自然的魅力。

姜雅说："这里好美啊，我们在这里玩一会儿吧。"

"对啊，对啊。"迟兹附和。

"好吧，那我们就在这里玩一玩，顺便休息一下。"丁钉赞同道。

于是，大家取下身上的背包放到比较干燥的地方，四处游玩起来。

姜老师说："你们去玩吧，我在这里看包。一定要注意安全，不要走远。"

"好的，谢谢老师。"

这里地面比较平坦，没有高山峻岭，更没有纵横的沟壑。左边是一条潺潺流水的小溪，小溪的对岸长着非常茂密的芦苇。

“大家看，前面那棵小树上好像有一个鸟巢。”豆富惊奇地喊道。

丁钉小组一看，那是一棵一人多高的小树，树上有一个比较大的鸟巢，看上去简直要把小树压弯了腰。

“我们过去看看怎么样？”豆富好奇心强，想知道鸟巢里是否有正在孵化的鸟卵。

“这里的地形构造比较复杂，我们要小心。”丁钉发现前方的地形似乎有所不同，提醒大家注意安全。

“哪里不一样？”豆富不以为然。他一边说着，一边向前走去。

豆富走了几步，脚下微微下陷。再向前走，一下子陷到膝盖。豆富害怕了，大喊：“赶紧拉我一把！”

最先发现不对的姜雅马上上前两步伸手拉住豆富，可是豆富的脚像被吸住似的，不仅难以拔出来，而且越陷越深。丁钉见状大喊：“豆富你不要动，越活动陷得越深！”大家一个拉一个，费了好大力气，终于把豆富拉了上来，只是他的鞋子被留在沙子里了。

“豆富，你敢进去捞鞋子吗？”丁钉见豆富安然无恙，放下心来，气愤地说。

“不要了！我可不敢再进去了。”豆富也有认㞞的时候，“那些沙子似乎有很大的吸力。”

“我告诉过你，这里的地形比较复杂，不要贸然进去，你不听！”丁钉这次真的生气了，“不听好人劝，吃亏在眼前。”

“丁钉，你别发火了，我都快吓死了。”豆富有些后怕地说。

丁钉心里的愤怒已经消了大半，再没有说什么。

姜雅忙打圆场说：“这里我们人生地不熟的，不能随便冒险，免得出现意外。我们出发时向父母保证，一定会注意安全的。”

“是啊，如果父母知道我们刚才的处境，肯定不会让我们出来的。”迟兹紧跟着说。

“都怪我好奇心太强，差一点出事。”豆富也知道自己刚才做错了，“那只鞋就留在这里，当作教训吧。”

丁钉见旁边有一块比较大的石头，他拾起来扔到豆富刚才下陷的地方。只见石头慢慢地往下沉，一会儿就消失不见了。大家目瞪口呆地看着眼前发生的一切，豆富脸色惨白，身子一晃晕倒了。

大家吓了一跳，大喊：“豆富！豆富！快醒醒！”丁钉急忙用拇指按压豆富的人中，几分钟后，豆富终于苏醒过来了。他浑身是汗，脸色苍白。

“哎呀！豆富，你可把我们吓坏了。”姜雅说，“你怎么说晕就晕过去了。”

大家扶着豆富站了起来。丁钉说：“你这是受到刺激，被吓晕了。如果刚才没有把你拉上来，你或许就会像那块石头一样沉下去。”

大家已经没了浏览风光的心情。丁钉说：“我们回去吧，姜老师还给我们看包呢。”

豆富被姜雅和丁钉一左一右地搀扶着，赤着一只脚，一蹦一跳地往回走。

姜老师见大家狼狈不堪的样子，急忙跑过来问：“出什么事了？”

丁钉一五一十地把事情的来龙去脉讲了一遍，姜老师心有余悸地说：“你们可能是遇到流沙了。流沙表面看上去没有什么危险，但是进去后就会往下陷。我国古代就有这方面的记载。北宋元丰年间，宋军一支小分队在奉命调遣途中，于安南误入流沙地区，结果大批人马和辎重陷进流沙里，损失惨重。”

“这么严重呀！”丁钉惊讶地说。

“是啊，有些地理环境我们不熟悉，应该向当地居民请教，不能贸然行事。”姜老师严肃地说。

丁钉从豆富的背包里取出一双备用的鞋子，帮他穿上。然后把另一只鞋用塑料袋包好，放到背包里，作为教训带回去保存。

随后，丁钉小组精神焕发地踏上了新的旅程。

# 遭遇牛虻追击

丁钉小组离开流沙地带，继续向前走，来到了一片沼泽地带。

这片沼泽不是很大，生长着芦苇、野慈姑、荷花等植物；远处有不少野花处在盛开期，蝴蝶在空中飞舞；还有叫不上名字的各种昆虫在鸣叫。

丁钉小组一边欣赏着眼前的风景，一边向前走去。

走着走着，大家听到一阵嗡嗡嗡的声音。这是什么声音呢？大家四下寻找声音来源，只见空中有一群比苍蝇稍大的昆虫正在向丁钉小组飞来。

“哎呀！这些昆虫会吸血！”豆富随手拍死了一个，手上竟然还有鲜血。

“不好！这是牛虻。”姜老师说，“我们马上离开这里！”

丁钉小组一边向前跑一边用手驱赶牛虻，但牛虻太多，它们成群结队，围住了丁钉小组，全面进攻，让人防不胜防。

“迎着风跑！”丁钉想到了对付牛虻的方法。

跟上来的牛虻终于少了，他们又跑了一段路，终于把牛虻甩掉了。

所有人都气喘吁吁，十分狼狈。豆富一边抹着脸上的汗水，一边问：“牛虻为什么能吸血呢？”

“牛虻的口器是刺吸式口器，它的上、下颚及口针都极其锋利且发达。吸血时，它会用这三件利器划破人或动物的皮肤，使血液渗出，再用唇瓣上的管道将血吸进体内。”姜老师介绍道，“它的口器十分锐利，即使坚韧的牛皮也可以划破。一般牛虻一次可吸 20 ~ 40 毫升血，特大型的种类一次吸血量更多。有尾巴的动物会用长长的尾巴抽打驱赶它们，驱赶不尽时，这些动物便会浑身血迹地狼狈奔逃。”

“只有雌牛虻会吸血，以便繁殖后代；雄牛虻只吸食植物的汁液，这一点跟雄蚊子相似。”姜老师侃侃而谈，“牛虻的一生分卵、幼虫、蛹、成虫四个时期。主要生活在水田、沼泽地、苇坑附近。”

“我们家乡也叫它‘瞎眼虻’，难道它真的没有眼睛吗？”迟兹十分好奇。

“‘瞎眼虻’其实并不瞎，它长有两只很大的复眼，复眼由很多小眼组成。”姜老师继续给大家介绍，“它飞得又快又急，好像看不见路乱飞一样，所以人们便叫它‘瞎眼虻’。但是这种叫法并不科学。昆虫的复眼十分有用，科学家根据它发明了复眼照相机，这种照相机一次可以拍上千张照片。”

“哎呀，我的手背被牛虻咬了一口，已经肿了，又疼又痒。这可怎么办呢？”迟兹看到手背上的伤口急忙问。

“可以抹清凉油。”丁钉说，“清凉油局部使用时具有良好的止痒、止痛和消肿效果。”说完，他从背包里取出清凉油，仔细地涂抹在迟兹的伤口处。

“牛虻咬伤人后，还可能会传播一些疾病。”姜老师说，“历史上，有一个国家曾把大量患有传染性贫血病的马匹赶到与邻国的界河边上。牛虻吸食了患病马匹的血液后，再吸食健康马匹的血液时，就会通过伤口将疾病传染给健康的马匹。这样，在不知不觉中，邻国的马匹大面积患病，造成大量马匹死亡。”

“想不到，这小小的昆虫竟有这么大的破坏力。”豆富听后十分感慨。

# 智退野狼

傍晚，丁钉小组来到一个村庄，大家决定在这里休息一晚。他们来到一家超市，购买了足量的食物和水，把自己的背包装得满满的。

路过一家鞭炮店时，豆富还买了一包鞭炮。

第二天一早，丁钉小组吃了早饭，又踏上了新的旅程。

几个小时后，丁钉小组来到一片野草很茂密的地方。这里没有人居住，看不见任何村庄，十分荒凉，只有几棵大树零星地散布在荒野上。

豆富望着远处的大树，对大家说："我们过去看一看怎么样？"

丁钉小组来到大树旁，观察起周围的环境来。

豆富忽然发现一只"狗"，便伸手指着说："大家看，有只狗。"

大家朝着豆富所指的方向看去，只见远处有一只像狗的动物正在向这边走来。

丁钉有些奇怪，说："这里荒无人烟，怎么会有狗呢？"

姜老师说："怎么好像是只狼呢？这里远离村庄，是狗的可能性很小。"

"是啊，我也觉得是狼。"姜雅说。

"我看也像。"迟兹惊慌地说。

"大家做好准备。"姜老师认为是狼的可能性比较大，"一般情况下，狼见到人就会躲起来，这只狼应该来者不善。"

丁钉小组握紧防身用的砍刀，做好准备。

这只动物走到离丁钉小组大约200米的地方停住了，抬头嚎叫起来。

"是狼无疑了。"丁钉严肃地说，"它很可能在叫同伙，姜老师，我们怎么办呢？"

姜老师环顾四周，说："我们爬到树上去，每人找一根粗壮的树枝坐好，狼不会爬树，我们可以暂时抵挡一阵。"

说话间，远处又来了3只狼，4只狼一起朝丁钉小组跑来。

大家马上选了一棵比较好爬的树，丁钉率先爬了上去，豆富、迟兹和姜雅紧随其后。

“动作快一点！”姜老师压阵，催促道。姜老师爬上树时，狼已经跑到跟前了，再慢一点，他就会被咬住。

丁钉小组在树上坐稳后，仔细观察起这4只狼来。这群狼的肚子扁扁的，看来是饿坏了，所以才会攻击他们。

眼看到嘴的肉怎么舍得丢弃？其中一只狼围着树转了几圈后，几只狼凑在了一起，似乎在交流什么。

只见这几只狼在树下蹲了下来，似乎要等树上的人掉下来，成为自己的美餐。

豆富灵机一动，说：“姜老师，我们有5个人，下去一人砍一只狼怎么样？”

“不行。因为饥饿，狼现在是拼死一战。人一下去瞬间就会被撕成碎片。你以为它们还会等我们摆好阵势再战吗？”

“那我们怎么办呢？”豆富为难起来，“这群狼一直守在这里，不会把我们困死吗？”

“豆富，你怕什么呀！”丁钉说，“我们不是刚补充了食物和水吗，我们在树上可以抵挡几天，但是这几只狼已经饿了很久了，你想一想，它们能熬过我们吗？”

“大家一定要抓好树枝，免得失手掉下去，那样可就真成了狼的美餐了。”姜雅提醒大家。

狼在耗着时间，等待时间给它带来食物；人在树上长时间保持一个姿势，时间久了，十分困乏，难以忍受。

时间一分一秒过去了，人与狼就这样僵持着。

突然，公狼又“呜呜”嚎叫起来。

豆富惊慌地问：“狼是不是又在叫它的同伴？”

“大家不要惊慌！狼多狼少，对我们来说是一样的，多了我们就当看热闹。”姜老师幽默地说，似乎缓解了大家的恐慌。

转眼间，远处又来了两只狼，它们来到大树下，转起圈来。

这两只狼围着树转了几圈后，竟啃起树皮来。一只狼啃累了，另一只狼接上。坏啦！狼的牙齿十分锐利，用不了多长时间，就会把树木咬断，到时候可就麻烦了。

树下，狼啃树木发出咯吱咯吱的声音；树上，大家的心怦怦跳着，面色紧张。

如果狼这样啃下去，那还了得！该怎样阻止狼啃咬树干呢？

丁钉看到豆富愁苦的脸蛋，他灵机一动，对豆富说：“豆富，你不是买了鞭炮吗？拿出来用了吧。”

“哎呀，丁钉，都什么时候了，你还要玩鞭炮。”豆富一脸不高兴，“难道你是要庆祝我们被狼包围了吗?!”

“给我就行，我有办法击退狼群。”丁钉一脸坏笑。

豆富不知丁钉葫芦里卖的什么药，但还是把鞭炮给了他。

AQVO

姜老师拿出打火机交给丁钉，说："就看这一招了。"

丁钉拿出一串鞭炮，剩下的交给豆富拿好。只见他用打火机点燃鞭炮后，马上把它扔到在树下啃树的狼身边。

噼里啪啦的鞭炮声乍响，顿时把狼群吓到了。它们撒腿就跑，唯恐跑得慢了会被打死。

丁钉小组见先前还趾高气扬的狼群这会儿吓得落荒而逃，开心地大笑起来。

豆富伸出大拇指，说："丁钉，你真行！我怎么就没有想到这一招呢！"

"因为你是豆富，他是丁钉！"迟兹诙谐地说。

大家从树上爬了下来，豆富跺了跺脚，说："哎呀！可把我的腿累坏了！时间再长一点我可能就坚持不住了，已经到了极限了。"

姜雅安慰地拍了拍豆富，说："对呀，还好丁钉想到了办法，不然就麻烦了。"

丁钉笑着摆摆手："这也要多亏豆富买了鞭炮。时间不早了，我们快走吧。"

大家收拾了一下东西，继续出发。

# 遭遇龙卷风

丁钉小组一路说说笑笑，走了很久也不觉得累。但是天气闷热，丁钉担心大家会中暑，观察了一下周围的环境后，对大家说：“前面有一片树林，我们过去休息一下，在这样的高温下走路，中暑的可能性很大。”

丁钉小组刚到树林，想解下背包休息一会儿时，突然，天色大变，一阵巨大的呼啸声从远处传了过来，这声音既像千万条蛇面对敌人时发出的嘶嘶叫声，又像几十架飞机、坦克路过时发出的刺耳的吼叫声。天色变得漆黑一团，大风夹杂着泥沙向丁钉小组袭来。

姜老师一看不好，急忙对大家说：“马上离开树林，免得大风把树木刮断，砸伤我们！”

“快跑！跑到没有树的地方趴下！”丁钉紧跟着姜老师呼喊。

在姜老师和丁钉的带领下，大家迅速离开了树林，跑到空旷的地方卧倒。

“大家闭紧眼睛，用衣服捂住口鼻，避免风沙灌到嘴和鼻子里。”姜老师大喊，“一定不能起来，注意安全！”

紧接着，大风携带着泥沙，铺天盖地而来。大家匍匐在地上，大量泥沙倾撒在他们身上，不一会儿，就把地面上的丁钉小组盖住了。豆富害怕被泥沙活埋，就活动了一下身体，腹部与地面有了空隙。瞬间，大风呼的一声把豆富卷了起来，他急忙用双手抱住头部，随后，他落到了一片野草茂密的地方。

幸好，大风很快就过去了。大风一过，大家急忙爬起来向豆富跑去。“豆富！豆富！”大家焦急地喊着。只见豆富用双手紧紧抱住头部，丝毫没有反应。姜老师急忙把豆富的双手掰开，一看，豆富竟然昏迷了。

“豆富！”大家大声呼喊着。

丁钉急忙用拇指按压豆富的人中，不一会儿，豆富睁开眼睛，缓缓地喘了一口气。

大家终于放下心来。

“豆富，感觉怎么样？有什么问题吗？”姜老师仔细地询问，唯恐有半点闪失。

“没有问题，老师。”豆富安慰大家，“可能大风把我刮上天时，我被吓晕了，现在已经没事了。”

见豆富没事，大家这才顾得上看大风的走向。

大风呈一个漏斗状，下细上粗，不断往上盘绕。“漏斗”所到之处，威力巨大，能把地面上的东西卷到天空中。只见一根粗壮的树枝被刮断卷到了空中，好长时间才落回地面。

姜老师仔细观察后对大家说：“这就是我们经常提到的龙卷风，这种风的破坏性极大。”

“老师，为什么会出现龙卷风呢？”豆富问。

姜老师耐心地给他们讲解：“龙卷风是雷雨云的‘杰作’。雷雨云可维持数小时，直径可超过 10 千米。当雷雨来临时，雷雨云的上下温度差别很大，冷空气急速下降，湿热空气迅速上升。强烈的上升气流到达高空时，如果遇到很强的水平方向的风，这股上升气流就会向下旋转，形成许多小漩涡。这些小漩涡逐渐扩大，会形成一个时速 100 多千米、沿水平方向高速旋转的空气柱。这个空气柱逐渐向下伸出，最终形成漏斗状的龙卷风。”

“老师，为什么龙卷风会把地面上的东西吸到空中呢？”迟兹感到不解。

“因为龙卷风中心气压低、风速大。”姜老师回忆起以前的新闻，“龙卷风的威力确实很大，不能小瞧。1956 年 9 月，上海的一次龙卷风曾削去一座四层楼房的一角，把重 110 吨的油桶从地上卷起并抛出 120 米远。”

“哎，龙卷风太可怕了！”豆富深有体会地说。

丁钉小组看豆富没有大碍，赶紧清理了一下自己身上的泥沙，背起背包，离开了被龙卷风摧残得一片狼藉的地方。

# 遇到“鬼火”

这天傍晚，丁钉小组来到一座矮山附近。这里植物丰富，有松树、栎树、杉木以及若干不知名的树木、灌木和各种野草；还有熊、狐狸、野兔、刺猬、鹰、山鸡、喜鹊、麻雀以及各种各样的昆虫。

矮山下地势平坦，适合搭帐篷，丁钉小组决定今晚在这里露营。

半夜，豆富内急去上厕所。他睡眼惺忪地走回帐篷时，突然发现远处山上灯光闪闪，似乎还在移动。豆富有些害怕，急忙喊道:“姜老师，你快来看，这是怎么回事呀？”豆富的喊声在静悄悄的荒野中回荡。大家听到豆富的喊声，急忙冲了出来，丁钉以为是熊再一次光顾，还带上了砍刀。

姜雅揉着睡意蒙眬的眼睛，问：“怎么回事，大惊小怪的。”

豆富指着矮山说：“你们看，山上是什么呀？”

大家顺着豆富手指的方向看去，只见山上灯光闪闪，缥缈不定，不断在移动。难道山上有人拿着手电筒在走动？但这光似有似无，不像真正的灯光。

是野兽的眼睛发出的亮光吗？不会有这么多的野兽吧！

是萤火虫吗？不对，距离这么远应该无法看到萤火虫的光。

大家有些不安，小声讨论猜测着。

姜老师仔细观察后舒了一口气，说：“大家不要惊慌，这种现象俗称‘鬼火’。”

豆富好奇心又上来了，问：“老师，‘鬼火’是怎么回事呀？”

“‘鬼火’实际上是磷火，是一种很普通的自然现象。人体是由60余种元素组成的，包括碳、氢、氧、磷、硫、铁等。人去世后被埋在地下，体内的磷元素转化为磷化氢。磷化氢是一种气体物质，燃点很低，在常温下与空气接触便会燃烧起来。磷化氢产生后，会沿着地下的裂痕或孔洞冒出，在空气中燃烧发出蓝色的光，这就是磷火，也称‘鬼火’”。

“老师，‘鬼火’为什么多见于盛夏之夜呢？”豆富追问。

“因为盛夏天气炎热，温度很高，化学反应速度加快，易于形成磷化氢；而且气温高，磷化氢也容易自燃。”

“那‘鬼火’为什么会追着人走呢？”迟兹接着问。

“磷火很轻。有风或人经过时会带动空气流动，磷火就会跟着空气一起飘动，甚至和人的速度保持一致，你慢它也慢，你快它也快。当你停下来时，没有力量带动空气流动，‘鬼火’也就停下来了。所以不是‘鬼火’追人，而是‘气’在催‘火’。”

“原来是这样。所谓的灵异现象完全可以用科学知识解释。如果用迷信的观点去解释，就会越解释越害怕。”姜雅也茅塞顿开。

“我国清代文学家蒲松龄写的《聊斋志异》里经常提到‘鬼火’。当时人们不明白这个科学道理，所以常与鬼怪挂钩，弄得神乎其神。”姜老师说道。

“老师，这里不会埋有大量的死人吧？”豆富有些害怕，“我看附近也没有什么村庄呀。”

“这里应该是与地质结构有关。”姜老师解释，“如果地下蕴藏着丰富的磷矿，也会出现这种现象。”

“原来是这样的。”豆富点点头。

“历史上有一段关于‘鬼火’的传说。”姜老师打开了话匣子，“相传有一年，官府的压迫和剥削导致民不聊生，农民无法生活下去，愤而起义。当时农民起义军就驻扎在一座山上。一天，官兵趁夜偷袭起义军的大本营，他们将山团团包围住，正准备发起进攻时，忽然发现山上火光点点，忽灭忽闪。带队的将军十分迷信，以为是天兵下凡来保护起义军，非常害怕，便悄悄撤退了。”

“哈哈，真有意思。本可能成功消灭起义军，竟然因为迷信错失良机。”豆富说，“如果那个将军知道这一切，肠子都要悔青了。”

“其实，出现发光现象不一定跟磷元素有关。”姜老师补充起来，“人们研究发现，有一种附着在树枝上的名为‘密环菌’的真菌物质，当所在环境的空气湿度达到 100% 时就会发光，干燥后光亮会消失。”

远处“鬼火”依旧摇曳，丁钉小组却不再觉得它神秘莫测。大自然中还有很多秘密，等待他们去不断探索，不断揭秘。

# 攀岩遇险

丁钉小组弄清楚“鬼火”的来龙去脉后，再没有睡意了。大家商量后决定提前出发。

两三个小时后，天已经亮了，视野开阔起来。太阳在东方露出了红霞，慢慢升起。

“大家看，前面有一座比较陡的山，我们去试试攀岩怎么样？”豆富眼尖，兴奋地提议。

只见那座山上几乎没有树木，植物也很少，这样的陡山正适合攀岩。

大家纷纷赞成，你追我赶地朝着那座山奔去。

太阳已经升起，今天又是一个骄阳似火的天气，这对大家来说也是一种挑战。

“我们是第一次攀岩，有些注意事项大家要用心记住。”姜老师一边走，一边给大家补课，“攀岩前，应该先仔细观察岩石，了解岩石的质量和风化程度，以便确定攀登的方法和路线。我们要远离风化程度高的石头，避免它不承重脱落，出现危险。”

说话间，丁钉小组来到了山脚下。面对陡坡，大家都跃跃欲试。姜老师说：“虽然我们没有安全绳的保护，但是这座山不是太高，坡度也不大，只要我们按照要领去做，就不会有什么问题。大家一定要注意安全，切记安全无小事！丁钉，我听说你以前参加过攀岩训练，你给大家介绍一下攀岩要领吧。”

丁钉点点头，说：“攀岩是一种登山运动，主要依靠手脚和身体的平衡向上运动。攀岩最基本的方法是‘三点固定法’，就是两手一脚或两脚一手固定后，再移动剩余的手或脚，使身体上移。手和脚要密切配合，避免两点同时移动。大家要根据自己的情况，选择合适的距离和最稳固的支点，这一点非常重要。还有，不要跨大步和抓、蹬距离过远的点。”

“我明白了，要三点稳定后，再定另一个点。”姜雅说。

“对。我们一边攀一边说吧。”丁钉说，“介绍多了，你们一时也记不住。”

“好的！”大家响应。随后，大家根据姜老师和丁钉的介绍，仔细选择好攀岩地点后，开始攀爬起来。

随着高度的升高，丁钉小组攀登的路也各不相同。姜雅和迟兹攀登的坡度小于30°，于是他俩站起来往前走。丁钉见后说：“姜雅、迟兹，小于30°的坡度可以站着走，但身体要稍向前倾，全脚掌着地，两膝适当弯曲，步子不要过大过快。”

“好的。”姜雅和迟兹一边应着，一边按照丁钉说的调整了自己的动作。

丁钉和豆富攀登的地方坡度大于30°，丁钉对身后的豆富说：“这里坡度大于30°，攀登过程中，腿稍微弯曲，上身前倾，大脚趾内侧贴近岩面，以脚踩的支点维持身体平衡。”

“好的。”在丁钉后侧方攀登的豆富一边答应着，一边学着丁钉的攀登方法。

快攀到顶部的时候，豆富突然失手，他惊叫一声：“不好！”一脚踩空，身体迅速下滑。

丁钉回头一看，急忙喊道：“面向山坡伸开双臂，把腿伸直，脚尖向上翘，寻找新的支撑点！”

豆富急忙按照丁钉的要求去做，终于停止了下滑。

他吓得满脸是汗，双手抓着一块岩石，试探着用脚寻找支撑点。但脚下有很多小石子，一直踩不稳。几经努力，他终于用右脚踩住了一块岩石。他试探着移动左脚，最终踩踏实了。豆富舒了一口气，说：“我的妈呀！可把我吓坏了，我还以为要去见马克思了呢！”

丁钉说：“豆富，少说废话，免得分心再出意外。”

丁钉小组终于爬上了岩顶。这里坑坑洼洼的，没有

现成的路，很不好走。再往下看，岩坡陡直，下坡十分困难。丁钉说：“我们往前走走，看看有没有比较缓的坡。”

走着走着，大家发现不远处有一只小动物，但是丁钉小组你看看我，我看看你，都不知道那是什么动物。

姜老师解答了他们的困惑：“它叫石龙子，是蜥蜴的一种。最大可长66厘米，身体的鳞片呈覆瓦状排列着。

舌头短，舌尖稍分叉，口里有锐利的牙齿。四肢发达，还有一条细长的尾巴。它的尾巴易断，断后还能再生。当被敌害捕捉的时候，它便会自己弄断尾巴，以便脱身。”

说着，大家来到一处坡度比较小的地方。

“我们就从这里下去吧。”丁钉决定。

丁钉带头慢慢往下走，一路上比较顺利。接近地面时，一块突出的岩石挡住了路。岩石距离地面大概3米，下面是一片沙地，也没办法绕过去。

“这样的高度我们能跳下去吗？”豆富一脸愁容。

“不会摔断胳膊或者腿吧？”迟兹看了看，急忙退了回去，唯恐掉下去。

“我们总不能再走回头路，回到山顶吧？”姜雅说。

丁钉仔细观察了一会儿，说：“这样的高度跳下去应该是没事的。下落时弯曲双腿，落地的刹那就势向前滚动，这样可以减少冲击，降低伤害。”说完，丁钉示范了一下腿部弯曲和落地翻身的动作。

“大家仔细观察我的动作。”丁钉先把背包扔了下去，然后轻轻一跳，屈腿，落地翻滚，安全着陆。

接着，迟兹、姜雅学着丁钉的样子跳了下去，十分顺利。然而豆富下落时忘记了屈腿，还好没有受伤。

最后，姜老师也跳了下来。大家相互检查了一下，没有受伤，便继续出发了。

# 误入蝎子坡

这天，丁钉小组来到一处植物稀少，满是石块的大山坡上。

豆富环视一下四周说：“这里比较干燥，我们休息一会儿吧。”

“是啊是啊。”姜雅和迟兹点头附和。

“那我们就在这里休息一会儿吧。”丁钉见大家意见一致，说。

豆富放下背包，找了一块石头坐下，他有些闲不住，一边跟伙伴闲聊，一边随手摆弄着手边的石头。

“哎呦”，突然，豆富握着手跳了起来。大家吓了一跳，急忙围过去，只见豆富的手有点肿了。

丁钉环顾四周，发现豆富刚才摆弄的石头上有一个大蝎子，想必是被蝎子蜇了一下。

姜老师仔细检查了豆富的伤口，没有发现尾针，便说：“蜇得不重，不要担心。”

丁钉说："蝎子毒是酸性的，可以用肥皂水或小苏打水等碱性液体清洗伤口。这样酸碱中和，可以降低毒性，减轻疼痛。"说着，他取出肥皂，兑了点肥皂水给豆富清洗伤口。

"还可以将蒲公英的白色汁液外敷在伤口上，也可以减轻疼痛。"姜老师说，"迟兹和姜雅去找一找蒲公英，以防万一。"

姜雅和迟兹点点头，各自寻找起来。

十几分钟后，两个人拿着蒲公英回来了，他们将蒲公英捣碎，挤出汁液，涂抹在豆富的伤口上。

就在大家给豆富处理伤口的时候，姜老师察看了一下周围的环境。

他翻了翻附近的石头，发现好多石头下都藏着蝎子。他吓了一跳，这里怎么会有这么多蝎子呢？

他急忙查看地图，仔细辨认了一下，发现他们所处的位置是当地著名的蝎子坡。

这个地方不能久留，姜老师急忙说："同学们，我们误入了'蝎子坡'，我刚才检查了一下，石头下面藏着不少蝎子。我们必须马上离开这里。"

大家赶紧收拾好东西，继续赶路。

豆富的手好多了，他问姜老师："老师，为什么'蝎子坡'有这么多蝎子呢？"

“可能这里的地理环境十分适合蝎子生长繁殖，再加上人迹罕至，受到的破坏少，所以蝎子的数量会比较多。”姜老师说，“说起蝎子，还有一个故事呢。”

“什么故事呀？”大家十分好奇。

“从前有一个医生，一天，他来到一个几乎全是石头的山坡。走着走着，他觉得脚趾非常疼痛，低头一看，只见脚边的石头边缘有一只蝎子。

“他掀开周围的石头察看了一下，只见那里有很多蝎子。他知道蝎子可以入药，所以捡了起来。

“之后，他来到附近的一个山村，这里有一个男孩生病很久了，一直没有痊愈。他诊断这男孩患有小儿惊风病，便用蝎子和其他中草药煎成药剂，男孩服用后，很快就痊愈了。”

丁钉小组所遇到的蝎子坡是不是那个医生遇到的蝎子坡已经无从考证了，但这一次受伤又让他们学到了新的知识，也是值得纪念的。

# 迷路了

姜老师的故事让大家听得入了迷，本来到蝎子坡时就接近傍晚时分，这么一折腾，时间过得更快了，夜幕早已降临，已经看不清周围的景色了。

丁钉有些慌了，问：“我们这是走到哪里了？”

姜老师抬头看了看，今晚是阴天，北斗星等指示方向的星星都不见了。

他沉思了一下，说：“丁钉，你辨别出方向了吗？”

丁钉摇头：“我现在一点方向感也没有。”

“其他同学呢？”姜老师问。

大家都摇了摇头，没有说话，意识到了问题的严重性。

姜老师说：“今晚阴天，我们无法辨别方向，不妨先向前走，远离蝎子坡后再找住宿的地方。”

丁钉弯腰把几块大石头搬到一起，并拔了一把青草放到上面。

豆富看到后不解地问：“丁钉，你这是干什么呢？”

丁钉狡黠一笑："这是秘密，不告诉你。"

丁钉放置好石头，大家继续往前走。大约走了2个小时后，"嘭"，豆富差一点被脚下的石头绊个"嘴啃泥"。他仔细一看，怎么石头上有一把草呢？这不是刚才丁钉摆的小玩意吗？

问题严重了，丁钉小组转了一个圈，又回到了刚出发的地方。

"我们怎么走回来了？"豆富焦急地说，"我们没有拐弯，沿直线前进，怎么会绕圈呢？"

"在漆黑的夜晚，人在看不清周围环境的情况下，在原地兜圈子是正常的。民间也称这种现象为'鬼打墙'。"姜老师解释说。

"对大多数人来讲，两条腿的肌肉发达程度是不一样的，因此，人在行走的时候，两条腿跨出的步幅也不一样，这就会导致两腿所走距离不同。我们不妨假设几个数据计算一下：假如一个男子右腿跨一大步的距离约为60厘米，而左腿跨一大步只有50厘米，则左右腿所迈距离的比大致保持在5∶6。假如这个人向前走了10步，左右脚各走了5步，则他的右脚走了3米，而左脚只走了2.5米。

"我们白天行走的时候，由于眼睛和大脑的调节作用，会在不知不觉中做一些调整，如身体向右转一些，脚尖向右摆一点，或者有意识地让左脚跨出的距离大一些。

“但是在黑暗中，因为缺少参照物，所以大脑和眼睛无法自动调节，身体每前进一步就要向迈步距离短的一侧偏一点。最后，行走的路线就成了一个圆。这种现象在沙漠里也很常见，不过是因为在沙漠里地域大而空旷，没有参照物。

“同样的道理，在水上划船时，因划船手两臂肌肉的发达程度不一样，船的行驶路线也会呈现圆圈状。

“如果一个‘左撇子’的人蒙住眼睛在水中向前游泳，最后也会向右沿着圆圈游去。”

“哎呀，这么有趣。”豆富觉得十分有意思。

“是啊。”姜老师继续说道，“而且实验证明，蒙住眼睛的鸟儿，也会因两翼肌肉的发达程度不相同而沿圆圈飞行。”

“看来‘鬼打墙’并不神秘，也不是人类的‘专利’，动物也有这种现象。”豆富明白了。

听完姜老师

的讲解，丁钉小组不再感到困惑，开始讨论该如何摆脱眼前的困境。

姜老师严肃地说："在我们没有弄清楚方向之前，不能乱走。"

"唉，我们带指南针就好了。"豆富遗憾地说。

"哎呀，我们带了手电筒啊！借着手电筒的光就能看清周围了。"姜雅忽然想起来。

丁钉也想起来了，说："刚才找不到方向太紧张了，都忘记手电筒了。"

大家取出手电筒，借着光观察周围的环境。只见有一块大石头周围长满了草，一边长得茂盛，另一边长势一般，丁钉说："石头边野草长得茂盛的一边是南边，长得一般的是北边。我们应该往北走。"

确定好方向，丁钉小组重新出发了。

"我们会不会再绕个圈回来呀？"豆富担忧地说，"那样的话，我可真就走不动了。"

"要不，你在这里再垒一堆石头，看看我们能不能走回来？万一再走回来，我背着你走。"迟兹说。

"得了吧，你知道这次一定不会了，所以才敢这样说。"豆富说，"我还不知道你呀！吃亏的事情，你做吗？"

"豆富，你现在机灵得很，一点也不糊涂。"姜雅打趣地说，"看来你一点都不累。"

丁钉小组一边走着一边逗趣。一个小时后，丁钉发现前面地面比较干燥，野草也比较少，于是说：“这个地方适合露宿，姜老师，我们住在这里怎么样？”

姜老师笑着说：“这个地方不错。经过这一番折腾，大家应该都累了，我们就在这里休息吧。”

大家一听要休息，都高兴起来，各自选好一个地方，麻利地支好帐篷。

收拾好后，大家围坐在一起，开始吃晚饭。

夜风越来越大，天上竟出现了星星。

豆富看着天空不忿地说：“老天真是和我们作对，之前没有星星，我们走了‘回头路’。现在我们找到了住宿的地方，星星也出现了。”

“那你们知道怎样利用星星来判断方向吗？”丁钉问。

“在北方，人们晚上主要根据北斗七星判断方向。”姜雅说，“北斗七星由七颗恒星组成，看起来像是舀酒的斗，其中，天枢、天璇、天玑、天权四星构成斗身，玉衡、开阳、摇光三星构成斗柄。以天璇向天枢连一条直线，并向外延伸约5倍的距离，就可以找到北极星。北极星所在方向即为北方。”

姜老师看时间已经很晚了，提醒大家说：“时间不早了，我们应该休息了，明天还要赶路呢。”

“好！”大家各自进入自己的帐篷，很快进入梦乡。

# 渡河遭遇洪流

丁钉小组的荒野探险之旅还在继续。这一天，他们翻过一个山岗后，一条河流横在了他们面前。丁钉小组要继续前进，就必须渡河。可是河宽大约五六十米，周围也没有桥梁及渡河的工具。该怎么办呢?

“我们可以造一只简易的木筏。”丁钉望着从上游飘下来的树枝，颇受启发地说。

“怎么造木筏呢？”迟兹好奇地问。

“我们砍几棵粗细均匀的小树，用藤条把树干捆绑起来，就能制成木筏了。”丁钉解释。

“丁钉这个办法不错。”姜老师夸赞道。

“姜老师负责砍树，我们去周围找一些藤本植物，或者可以当绳子的东西。” 丁钉给大家分派任务。

半个小时后，所有人回到原地集合。

姜老师砍了几棵碗口粗细的小树，丁钉取来了一捆灌木，豆富找到了一捆长长的柔软的柳树枝，迟兹抱着一捆芦苇，姜雅则是拖着一棵细长的小树。

豆富不解地问："不是要找藤本植物吗，姜雅你怎么砍了一棵树？"

姜雅望了豆富一眼，说："豆富，你能不能动动脑子，划木筏不用篙吗，用手去拨拉呀？"

"我只想着要找捆绑木筏用的东西了。"豆富不好意思地说。

几个人分工做准备工作：丁钉用脚踩住灌木枝条的细端，用手从另一端开始拧，把枝条捻在一起，保证可以打弯而不折；迟兹将细芦苇搓成绳子，粗粗的绳子很结实；姜雅将做篙用的树干截得长短合适，砍去上面扎手的地方；豆富则帮着姜老师一起，砍去剩余树干上的树枝树叶，并截成同样长短。

不一会儿，大家的准备工作做完了，开始在河边捆绑木筏。

丁钉把比较粗的树干放到中间，比较细的分别放到两边。先用迟兹搓的芦苇绳子把木头捆绑起来，然后用豆富取到的柳树枝条一一捆绑，最后用自己拧的灌木枝条加固，像编篮子一样，将树干和灌木条编在一起。这样加工之后，木筏十分结实，不会散架。

完成后，大家一齐动手，把简易木筏放到河里。

"谁先过河呢？"豆富问。

“我和丁钉先过。”姜老师说，“这个木筏十分简易，承重小，所以我每次只带一位同学过河，不带背包，最后再把背包运过去。”

姜老师和丁钉小心翼翼地上了木筏。丁钉坐在木筏中间，姜老师站在他身后，手持木篙往河底扎去，推动木筏前进。

划动木筏是个技术活。一开始，姜老师使用木篙不熟练，差一点就要翻船，多亏丁钉两手紧紧压住两边的木头，使木筏稳定下来，才转危为安。

就这样，在不断探索中，木筏平稳地到达对岸，丁钉上岸后，姜老师又划了回来。

姜老师来回4次把丁钉小组都送到了对岸。他再一次回到岸边，准备把大家的背包运过去。

当姜老师往木筏上搬运背包时，渐渐地，河水湍急起来，似乎也变浑浊了。

丁钉发现状况不对，大声喊道：“姜老师，河水有变化，快点啊！”

姜老师一看，马上意识到可能是河的上游下大雨，导致河水量大增，十分危险。

他赶紧把剩余的背包放到木筏上，把背包带捆在一起，并用树枝将背包垫起来，免得被水浸湿，然后急忙划着木筏向丁钉这边划来。

河水越来越急，水位不断上涨。丁钉小组之前站的地方已经被河水漫过，他们只好向后退了几步。

河里，一个急流打在木筏上，姜老师趔趄了一下，急忙弯曲身体降低高度，这才站稳了。

丁钉小组十分紧张，他们紧盯着姜老师的身影，不时高喊：“老师，注意安全！”

河水流得太急，木筏被河水冲得往下游移动，姜老师只好努力斜着朝对面划去。终于接近了河边，大家跑过去接过背包，刚要把姜老师拉上岸时，一个急流冲来，姜老师没有站稳，被打入河中，顿时被冲走了。

“姜老师！”“爸爸！”

丁钉小组一边向下游跑去，一边喊着。

幸好河岸上有一棵小树被冲到了河里，挡住了急速往下漂的姜老师。他抱住小树，努力向河边游去。接近岸边后，姜雅和丁钉伸手抓住了姜老师的胳膊，把他拉上了岸。

因为河水太急，姜老师呛了几口水，上岸后猛咳起来，姜雅急忙给爸爸捶背。

“真危险啊！”豆富十分后怕。

“是啊，谁知道偏偏在我们过河的这个节骨眼上，会出现这种情况呢！”丁钉也感叹道。

真是险情无处不在，要时刻准备好应对突发情况。

# 肚子咕噜咕噜响

姜老师休息好后，丁钉小组便继续出发了。他们向前走了一段路，发现了一处树林，这时，一只黄鼠狼从他们面前跑了过去。

豆富眼尖，对大家说："刚才一只黄鼠狼跑到树林里了，你们看到了吗？"

"我们追上它，看它长什么模样。"迟兹说，"我从来没有见过黄鼠狼呢！"

豆富瞪大了眼睛，告饶地说："迟兹，你可饶了我们吧，我以前领教过黄鼠狼的臭屁，我可不想再闻一次。"

"哦，不就是个屁吗？"迟兹不屑地说，"有什么大惊小怪的。"

"黄鼠狼的臭屁可非同一般，不可小瞧。"豆富说，"黄鼠狼体重小，力量弱，它的肛门附近有一对臭腺，一旦遇到敌害不能脱身时，它就会收缩释放一种敌害难以忍受的气体，让敌害无法靠近自己，从而黄鼠狼可以逃之夭夭。"

“动物们都有自己的生存技能，只是有一些我们没有发现而已。”迟兹感叹道。

说话间，豆富的肚子咕噜咕噜地叫了起来。“丁钉，我的肚子饿了，我们是不是该吃饭了？”

“是啊，我也有点饿了。”丁钉说，“要不，大家休息一下，加点餐？”

“好呀！”大家异口同声地说。看来，大家都饿了。

当拿出事先准备好的点心时，他们发现剩的食物已经不多了。

丁钉发现了这个问题，严肃地对大家说：“我们的食物不多了，大家去附近找找有没有可以吃的东西吧。”

“什么东西可以吃呢？”豆富问。

“我们现在身处荒山野岭，植物十分丰富。”丁钉说，“我们可以采集苦菜、刺儿菜、蒲公英、车前草等，只要无毒，我们都可以吃；还可以抓一些可以吃的昆虫或者小动物。”

大家四散开来，采集食材。

一个小时后，所有人回到原地集合。

大家把自己采集的食材放到地上。丁钉采集的是蘑菇、苦菜、车前草、马齿苋等；豆富找到了蚕蛹；迟兹捉了几只蝉和蚂蚱等；姜老师采集了野草莓，还有叫不上名字的野果。

“姜雅怎么还没有回来？”刚说完，就见姜雅一边跑过来，一边喊道：“大家快过来，我发现了一只宝贝！”

“什么宝贝？”豆富追问。

“我也不清楚，我把它圈在一个小水沟里了，它还会发出‘哇哇’的叫声呢。”

“成精了，那不是孩子的哭声吗？”迟兹说。大家一边说着，一边向姜雅指的方向跑去。

翻过一座小山岗后就听到了潺潺流水声，这里有几条深沟。走到姜雅圈的水沟边，只见里面有一条半米长的四脚动物，不时发出哇哇的叫声。

“这是什么动物呀？”豆富从来没有见到这种动物，问道。

姜老师走近一看：“哎呀！这可了不得。这是大鲵，是国家二级保护两栖野生动物。因为其叫声如同婴儿‘哇哇’的哭声，所以还叫‘娃娃鱼’。‘娃娃鱼’全长可达1米，体重最大可达百斤。‘娃娃鱼’是肉食动物，主要吃水生昆虫、蟹、虾、鱼、蛙、蛇、鳖、鼠、鸟等。它的牙齿又尖又密，靠守株待兔的方法捕猎食物。晚上，它在水口石堆中静静埋伏着，一旦有猎物靠近，它就会突然袭击，将食物逮住。所以它生性凶猛，大家不要靠近它。”

“那就不能吃它了。”豆富遗憾地说。

随后，姜雅把娃娃鱼放了，大家一起回到了放食物的地方。

这一次，大家捡到了不少食材，够饱餐一顿了。

“能生吃的，我们就生吃；不能生吃的，我们就烤着吃。”丁钉说，“我们找一些干树枝、干草，准备生火。”

大家分头寻找起来。不一会儿，便捡到了不少柴火、干草。

丁钉把几块大石头围在一起，生起火来。

迟兹把蝉及蚕蛹插到一根小棍上，放到火焰上烧烤着。姜老师拿出食盐，涂抹在蝉和蚕蛹的表面。不一会儿，空气中便弥漫着浓浓的香味。

大家一边烤一边吃。“哎，这味道真不错！”豆富赞美着。

这时，高空中，一只鹰从远处飞来，在天空中盘旋，似乎是在寻找猎物。

“大家看，我们头顶上有一只鹰，好大呀！”豆富眼尖，最先发现了老鹰，“它是不是也想吃点烧烤啊？”

“是啊，看来这只鹰也饿了，它连腐败的食物都能吃，我们吃的烧烤它当然也能吃了。我们现在离开的话，可能鹰会马上飞下来，吃我们剩下的食物呢！”丁钉说。

豆富猜测：“或许这只鹰已经闻到了地上的香味，巴不得我们赶快走呢。”

“我们也吃得差不多了，干脆尽早离开，让鹰下来吃点东西。”姜雅说。

大家纷纷赞成。

丁钉把余火熄灭，又覆上一些泥土，确保不会复燃后，就和大家一起离开了。

丁钉小组不时回头，观察鹰是否飞了下来，吃他们剩下的残羹剩饭。

# 遭遇沙尘暴

渐渐地，丁钉小组已经看不到鹰的身影了。大约又走了一个小时，豆富发觉天色暗淡下来，抬头一看，西北方向整个天空呈暗黄色，并迅速弥漫着，不断扩大，向他们这里移动。“不好！你们看天空，这样吓人！”豆富没有见过这样的天气，有些紧张。

大家听到豆富惊慌的喊声，急忙抬起头来，看向远处的天空。

“不好！可能是沙尘暴要来了！我们应该做好准备。”姜老师说。

“可以佩戴具有防尘、滤尘作用的口罩，减少吸入体内的沙尘。还要戴好防风眼镜，保护眼睛。”丁钉马上想到了这些防护措施。

“我们现在没有怎么办呢？”豆富愁眉苦脸地说，“沙尘暴不是出现在冬春季节吗？谁能想到夏天竟能遇到沙尘暴呢？”

“我们不妨用床单把身体包起来。”丁钉告诉大家，“遇到沙尘暴不能在有车的地方、广告牌下、大树下避风，这里没有这些东西，不用担心被砸伤。我们无处可去，就蹲在原地不动，互相靠在一起，以便有个照应。这里没有高山，也不用担心山上的石头滚下来。如果沙子进到眼睛里，不要用手去揉，以防沙子伤到眼睛，等沙尘暴过去之后，我们再用清水清洗。大家马上开始做准备吧。”

丁钉小组马上行动起来，打开背包取出床单。

“大家迎风趴在地上，把背包压在身下。”丁钉一边包裹自己一边说。

其他人按照丁钉的要求做了起来。

在他们准备的同时，沙尘暴也没有停止行动，迅速向丁钉小组所在的地方扩散。

不一会儿，狂风卷着黄沙，张牙舞爪、铺天盖地地向丁钉小组扑来。四处都是尘土，弥漫着刺鼻的沙尘味，能见度非常低。

丁钉小组闭着眼睛，用床单紧紧包裹住自己，双手护住头部，趴在地上。

狂风呜呜呜地刮着，像一头大发雷霆的雄狮在吼叫着，又像一头被困的猛虎发出的阵阵嚎叫。不一会儿，大家身上就落上了厚厚的泥沙。豆富唯恐被泥沙掩埋，便抱着背包活动了一下，然而，这一动，床单出现了缝隙，泥沙马上钻了进来，豆富毫无防备，吸入了泥沙，剧烈地咳嗽起来。

在上风口，距离丁钉小组大约50米处有一棵大树，一根粗壮的树枝咔嚓一声，被大风刮断，被风卷着，竟张牙舞爪地向丁钉小组趴下的地方刮去，啪的一声落到姜雅身后，十分危险。

沙尘暴肆虐了两个小时后，终于慢慢离开了此处，风速逐渐减小，视野也清晰起来。丁钉小组的危机解除了。

大家爬了起来，急忙跺跺脚，扑打着身上的泥沙。

虽然沙尘暴停了，但天空还是灰蒙蒙的。

豆富看着灰蒙蒙的天空，说："为什么会出现沙尘暴呢？"

"沙尘暴的形成需要满足三个条件：大风、沙源，以及不稳定的空气状态。其中风是沙尘暴的动力，沙尘是沙尘暴的物质基础。沙尘暴的产生主要与我国许多地区人口增长过快、对资源过度开发、生态环境恶化有关。"丁钉了解过沙尘暴的形成原理。

"那如何治理沙尘暴呢？"豆富担忧地问。

"从大的方面说，应该退耕还林、还草，改善生态环境；治理流动沙漠；禁止乱砍滥伐，多植树造林等。这是一个长期任务，并且十分艰巨。"丁钉说。

“那我回家多种草栽花吧。”豆富打趣地说，“为美化环境贡献自己微薄的力量。”

“走吧，我们还是找一个有水源的地方，洗一洗身上的泥沙吧！”姜老师提醒大家。

大家纷纷点头，把身上、背包上的泥沙扑打一下，继续上路了。

# 寻找水源

找水是当务之急。但是目之所及一片荒凉，应该去哪里寻找呢?

“我们光走也不是办法呀！”豆富担忧地说。

“是啊。”丁钉思考着，“我们可以循着大型动物的足迹寻找水源。”

“我们去哪儿找大型动物呢?”迟兹没有信心，“万一我们碰到凶猛的野兽，那还了得。”

“还有很多方法可以找到水源。”姜雅说，“我们可以寻找谷食性鸟类，如鸽子和雀类，它们早晚要饮水，会离水源比较近，只要密切关注它们飞行的方向，跟踪追寻，就能找到水源。”

姜雅认真听着，忽然他眼睛一亮，高兴地说：“我想起一个历史故事。在春秋战国时期，齐国出兵远征孤竹国，当得胜回朝时，正是冬季，河溪干枯，人马饥渴难忍，导致大军无法继续前行。一位大臣向齐王建议：‘蚁穴附近必定有水，蚂蚁夏天住在山的北边，冬天住在山的南边。可以派士兵在山南找蚁穴深挖。’齐王听后觉得有道理，便采纳了这位大臣的意见。不久，派出的士兵果然找到了水源，解救了大军。这说明，动植物的分布与水源分布是有关联的。”

“你这么一说，我也想到了找水的方法。”迟兹兴奋地说，“夏季蚊虫聚集、飞成圆柱形的地方，有青蛙、蜗牛的地方，以及燕子衔泥筑巢的地方，都可以找到水源。”

“是啊，我们知道这么多找水源的方法，留心观察便是。”丁钉对大家说。

丁钉小组一边说着，一边向前走着。

豆富一路都在仔细四处观察，突然，他发现了新情况，忙对大家说：“远处有几只鹿在活动！”

大家顺着豆富指的方向看去，只见有五六只鹿在急匆匆地向前走。大家喜出望外。

“哎，这几只鹿是不是去找水源呢？”迟兹马上想到了这个问题。

“有可能，我们追上去。”丁钉说。

大家兴致勃勃地追赶着，大约半个小时后，他们眼前出现了一座峡谷，鹿群走了进去。

“这里很可能有水源。”丁钉判断，“我们小声点，注意隐蔽，不要打扰到鹿。”

大家不再说话，放轻脚步，追进了峡谷里。

峡谷内地势低洼，两旁是高山，应该会有水源。大家十分兴奋。

又追了一会儿，大家已经能够听到潺潺的流水声了，再往前走，只见鹿群已经到了水边，在低头喝水呢。

丁钉小组静静地躲在一边，想等鹿群喝完水离开后再过去。

突然，一只雕从半山坡的一块巨石上直扑下来，朝着鹿群飞去，啄住一只正在喝水的小鹿的颈部后又飞了起来，不断升高，朝山坡上飞。顿时，鹿群拼命地向峡谷外跑去。

大家仰起脖子看着眼前这突发、极为罕见的一幕。只见小鹿在空中拼命蹬腿挣扎着，但无济于事。雕带着小鹿越飞越高，突然，小鹿从高空坠落下来。大家顿时明白了，雕是想把小鹿摔死后再吃肉。只见小鹿落到山坡后，雕在空中盘旋了一会儿，也飞了过去。

由于山坡阻挡，大家看不到雕吃鹿的场面，但不难想象：对小鹿来说，是一场灾难；对雕来说，则是一顿饕餮大餐。

大家震惊于眼前这一幕，久久不能平静。

“这大自然中的弱肉强食真是不可思议。”豆富大为感慨。

“是啊，刚才还无忧无虑的一只小鹿，突然就成了雕的盘中餐了。”迟兹也为小鹿感到遗憾。

“不要多愁善感了，雕不吃小鹿就要饿死，这是大自然的法则，我们谁也改变不了。”丁钉说，“赶快洗一洗吧，我要被泥沙烦死了。”

# 在洞穴中迷路

丁钉小组痛痛快快地洗了一个河水澡，感觉浑身轻松，驱散了长途跋涉的疲劳。

随后，丁钉小组离开峡谷，寻了一处合适的山坡，安营扎寨休息。

第二天，丁钉小组来到了一座高山下。

豆富对大家说："我们已经到了山脚下，不去爬一下岂不遗憾？"

"我同意！""我也是！"大家纷纷赞同，朝着高山出发了。

登到半山腰时，豆富已经热汗涔涔了。他停下脚步，用手抹了一把汗，向山顶望去。他发现前面距离他们大约 200 多米的地方似乎有一个宽敞的洞口。他兴奋地说："大家看，前面似乎有一个山洞，我们爬上去看一看吧！"

大家朝着豆富说的方向望去，果真隐约看到了一个黑黝黝的洞口。

小伙伴们你追我赶，很快爬到了山洞旁。

大家小心翼翼地走近山洞的边缘，仔细察看周围的情况。

豆富忐忑地说：“这不会是熊的洞穴吧？”

“我们察看一下周围有没有动物的脚印。”丁钉嘱咐大家。

“什么脚印也没有。”迟兹仔细察看后说。

“地上也没有动物的粪便，似乎没有动物来过。”丁钉说。

大家放下心来，在姜老师的带领下，开始往洞穴深处走去。

走了一会儿，丁钉小组发现这个洞穴非常深，而且十分凉爽。

再往里走，逐渐失去了洞口的光源，山洞里慢慢暗了下来，丁钉小组有些看不清路了。丁钉说：“大家跟紧，不要掉队，遇到问题马上喊一声。你们的手电筒先不要开，节约用电，先用我的。”说着，他从背包中拿出手电筒，打开照明。

他们脚下有一条很小很小的溪水，丁钉用手电筒一照，清澈的溪水中，一条小鱼向灯光处游来，好奇的豆富马上蹲下来察看。

“哎呀！这条鱼没有眼睛！”豆富惊讶地瞪大了眼

睛，“这应该是一条盲鱼。”

大家十分好奇，都蹲下来，借着灯光，观察起这条鱼来。

只见这条鱼眼睛的位置上只有两个黑点。

“为什么会有盲鱼呢？”迟兹不解地问。

“这是生物长期进化演变的结果。它们的祖先长期生活在黑暗的洞穴里，眼睛没有用武之地，逐渐就退化了。”姜老师见丁钉没有回答，便说，“这些盲鱼高度适应黑暗的洞穴生活，它们的嗅觉和触觉非常敏锐。”

“原来是这样。”豆富自言自语地说。

他们顺着洞穴继续向前走，大约走了 5 分钟后，前方出现了分洞——两个洞穴差不多大小。

丁钉小组选了一个洞穴走了进去，不一会儿，他们眼前出现了琳琅满目的钟乳石。借着手电筒的光亮，他们看到，这些钟乳石都有着独特的造型：有的像朵花，有的像棵大树，有的像亭亭玉立的少女，有的像倒挂的利剑……看上去如同神话世界，不是仙境，胜似仙境。

“这溶洞中的钟乳石怎么这么漂亮呀！它是怎么形成的呢？”豆富对眼前的钟乳石产生了好奇。

“这岩洞是由石灰岩组成的，石灰岩和钟乳石的主要成分一样，都是碳酸钙。”丁钉介绍起来，“当岩洞内有水时，会有一些二氧化碳气体溶解在水中，使流水含有碳酸的成分。流水与石灰岩中的碳酸钙反应，形成可溶性的碳酸氢钙，并不断腐蚀岩石。经过长年累月的腐蚀，就会形成巨大的溶洞。”

“哦，这是溶洞的形成原因。”豆富的好奇心没有得到满足，“那钟乳石是怎样形成的呢？”

“你不要急嘛。要先形成溶洞，然后才能形成钟乳石。”丁钉继续说道，“在溶洞中，含有碳酸氢钙的水遇热后会重新分解，生成碳酸钙。碳酸钙不溶于水，所以会重新沉淀下来，有些沉积在洞顶，有些沉积在洞底。经过长期的沉淀积累，洞顶的成为钟乳石，洞底的成为石笋。”

“当往下‘生长’的钟乳石与往上‘生长’的石笋相连时，就会形成石柱。很多石柱排列在一起，就被称为石幔。这些有粗有细、有曲有直的钟乳石、石笋、石柱共同组成了奇异的洞穴景观。”

大家明白了眼前景观的形成原因之后，又往前走。洞穴内坑坑洼洼，还有很多分岔口，丁钉小组在里面钻来钻去。当眼前再一次出现分岔时，丁钉说：“这个洞穴十分复杂，有不少岔路，我们还是回去吧，免得找不到出口。”

大家开始往回走，走着走着，突然发现走的似乎不是来时的路了。这时，眼前又出现了两个洞口。

大家在里面转了很长时间，已经记不清来时是怎么走的了。

豆富说：“我已经糊涂了，不知道怎么走才对。”

迟兹也说：“我也觉得方向不对，分不清东南西北了。”

“大家原地想一下，没有找到正确的路之前，一定不能盲目前行。”姜老师说，“我们仔细观察一下这里有没有光源，如果能看到微弱的光源，那个方向很可能就是洞口；同样的，有风、蚂蚁、老鼠、蛇的地方，也都可能是洞口。我们注意观察。”

丁钉小组仔细观察两个洞口，但是都没有光，也没有动物，站在洞口似乎也感受不到风。大家有些慌了。

这时，丁钉把脸贴近一面的洞壁，兴奋地说：“我觉得这个洞口有微风吹来，这很可能是一个出口。”

大家都安静下来，闭上眼睛，重新感受。

豆富说：“对呀！真的有风！刚才可能是因为我们太急躁了，所以没有感受到微风。”

“老师，我们就选择这一条路吧。”丁钉征求姜老师的意见。

“我觉得可以。”姜老师说，“就算不是洞口，最起码也有个通风口，可以保证我们呼吸通畅。不行再想办法。”

在丁钉的带领下，大家向着有风的洞穴走去。在洞穴里待得太久了，丁钉的手电筒的光逐渐地暗了下去，没有电了。姜老师拿出他的手电筒继续为大家照明。

豆富说："我们也拿出手电筒吧，这样会更亮一些。"

丁钉马上制止他："要节约用电哦。我们不知道什么时候才能走出洞穴，一旦把手电筒的电都用光了，我们就会处在黑暗中，十分危险。"

半个小时后，他们不仅感觉到风越来越大，远处还出现了光亮。

豆富想跑过去看一看，突然，他大喊一声："哎呀，什么东西从我的脚背上跑了过去？"

丁钉急忙把手电筒向后照，只见一只大老鼠正向前跑去。"有老鼠出现！前面应该就是洞口了！"丁钉高兴地喊了起来。

大家都兴奋地加快了脚步。

# 在洞口受阻

丁钉小组急匆匆地赶到洞口，只见洞口非常明亮，但是大家刚刚放下的心，马上又悬了起来。

原来，这并不是他们进来的那个洞口。这个洞口在洞壁上，距离地面大约3米，四周十分陡峭，需要攀爬上去。

“我们也没有绳子等工具，这可怎么上去呢？”豆富看着高高的山洞口，感到无能为力。

“我们可以把腰带系在一起，这样一旦上去一个人，可以把腰带递下来，把下面的人拉上去。”姜雅说。

“谁能爬上去呢？”迟兹紧跟着说。

“我们如果带了一端有抓钩的绳子就好了，可以扔上去，钩住地面或灌木的枝条，那样我们就可以抓着绳子爬上去了。”豆富遗憾地说。

“哎，有了！”丁钉兴奋地说，“这个洞距离地面的高度大约有3米，我们大约高1.4米，两人加起来就接近3米了，这样上面的人就能爬上去了。”

“这个方法不错！”豆富说。

“我比较高，你们踩着我的肩膀上去。”姜老师说，“我们先把丁钉和豆富送上去，由他俩把剩下的人拉上去。”

“好的，老师。”丁钉信心十足地说，“大家注意保护我们。”

大家一起动手，将腰带系在一起，做成绳子。

姜老师和丁钉放下背包。姜老师先蹲下，扶好洞壁。丁钉在其他人的帮助下踩在了姜老师肩上，并扶好洞壁。只见姜老师慢慢起身，用手把牢洞壁，如同一座灯塔威严屹立着。

没想到，洞口位置比目测的还要高，刚刚过了丁钉的头顶，想要爬上去还是有点难度。

丁钉用双手把住洞口，试着用力，但是十分费劲，他只离开了姜老师肩膀一点，又落了回去。

这突然一踩，让姜老师踉跄了一下，连带着丁钉也摇晃了一下，幸好姜老师及时稳住了身形，丁钉也抓住了石壁上的石头。

“小心！”小伙伴们在下面大喊。

丁钉咬了咬牙，又试了一次，发现还是不行，不由得有些急了。

此时，扛着丁钉的姜老师也有点吃不消了，他的腿开始发颤，脸上冒出了汗珠。姜雅发现后，急忙用手给老爸抹了一把汗，并用力扶住爸爸的腰部。

丁钉也深知，时间一长，在下面的姜老师会受不了。他本来就站不稳，再加上担心姜老师，一分心，又摇晃了一下，要不是他急忙用双手把住洞壁，很可能掉下去。

“丁钉，注意安全！”大家高喊。

丁钉深吸了一口气，决定再试一次。他把住洞口，咬紧牙关，一用力，终于成功地挂在了洞口处，他急忙把腿也架在了洞口的地面上，爬了上去。

大家悬着的心终于放下来了，洞内响起了热烈的掌声。

姜老师稍微休息了一下，又把豆富架了起来。有了丁钉在洞口协助，豆富很快就爬了上去。他们急忙把腰带放了下去，姜雅和迟兹先把背包绑在腰带上，让丁钉和豆富拉了上去。随后，迟兹和姜雅也先后被拉了上去。最后，四个人一起将姜老师拉出山洞。

大家抱住了丁钉，迟兹说：“丁钉，多亏你的努力！谢谢！”

小伙伴们兴奋地蹦跳着，欢呼自己的胜利。

姜老师忽然看到丁钉的手在流血，原来是往外爬时被山洞中的石子划伤了，随后又因用力拉腰带，加深了伤口，只是丁钉一心放在把大家拉上来的这件事上，没有注意到。姜老师说：“大家在四周找一找刺儿菜，给丁钉止血。”

刺儿菜叶子上有刺，是一种绿色的植物，把它反复揉搓、挤压，会有绿色的汁液流出。如果在野外把手割破了，可以用刺儿菜的汁液止血。

很快，姜雅挖了几棵刺儿菜回来，他先用水冲洗了一下，然后挤压出汁液，涂在丁钉的伤口上，并把挤压完汁液的刺儿菜放到伤口上，让丁钉按压住。

不一会儿，丁钉手上的血就止住了。

姜老师说：“丁钉，你真棒，大家应该向你学习！”

“向丁钉学习，向丁钉致敬！”大家欢闹着，脸上露出开心的笑容。

# 草原上的弱肉强食

丁钉小组的荒野探险之旅已经接近尾声了。这天，丁钉小组爬过一个山头，来到一片草原，这里三面被高山包围着。

豆富说：“想不到，在这高山之中还有一块草原。”

迟兹兴奋地说：“走，我们下去玩一玩。”

丁钉点点头，说：“好，我们一起下去。”

草原上的植物长得郁郁葱葱，十分茂密。

豆富眼尖，对大家说：“大家看，前面有几只兔子。”

大家向远处一看，可不，几只兔子蹦蹦跳跳，十分可爱。

“为什么这里的兔子这么多呢？”豆富好奇地问。

“这里没有猎人，兔子的繁殖速度又快，所以兔子数量会猛增。”丁钉说。

“兔子多了会破坏草原生态平衡，我们可以引入一些它的天敌，控制兔子的数量。”迟兹说。

“错了。”丁钉严肃地说，“随意引进物种，才会破坏生态平衡。”

“为什么呢？”

“历史上有这样一个实例。”丁钉回想起看过的历史故事，“1859 年，一位叫托马斯·奥斯汀的英国人来到了澳大利亚。他为了享受打猎的乐趣，将一些英国的兔子放到了草原上。谁知，澳大利亚没有兔子的天敌，所以兔子以惊人的速度大量繁殖起来。到了 1926 年，兔子的数量已达到了 100 亿只。它们在草原上打洞，把草原翻得不成样子。再加上数量众多，连草原上的草根都吃光了。为了寻找食物，它们又到附近的田野里去吃庄稼。澳大利亚人面对数量众多的兔子，想尽了办法。他们架起了铁丝网阻止兔子进入田野，但是兔子会打洞，很轻易地就通过了铁丝网。澳大利亚人对兔子深恶痛绝，他们用机枪扫射、用飞机撒播药物、传播仅对兔子起作用的病毒，但这些方法都只是一时起效，后期，兔子又会疯狂地繁殖起来。兔子给澳大利亚人带来了很大的麻烦。所以说，不可盲目引入物种，应该进行科学论证才行。”

“咱们国家也发生过多起外来物种入侵的事件，紫茎泽兰、松材线虫、加拿大一枝黄花、克氏原螯虾、美国白蛾等生物，严重影响了当地的生态环境。这一点应该引起我们的高度重视，免得澳大利亚引入兔子的悲剧在中国重演。”丁钉对这方面了解得比较多。

丁钉给大家讲完这个故事后，姜老师说：“我们再到前面看看怎么样？”

“好呀！”豆富马上响应。

大家边走边谈，走到草原的中央时，豆富发现地上有不少洞穴，便问：“这些洞穴是不是老鼠的洞穴呢？”

“应该是的。”姜雅看着地面上的一个洞说。

迟兹仔细察看了他周围的洞穴，惊讶地说：“这么多洞穴有多少老鼠呀！这么多老鼠会吃掉多少牧草！”

“是啊，老鼠是草原上的一害。”丁钉说，“有人曾调查过，内蒙古查干敖包地区大约有33万只黄鼠，这些黄鼠大约半年时间就可以吃掉近1000吨牧草，给当地畜牧业造成很大损失。还有，老鼠打洞形成的土丘会散失水分，导致土壤肥力大量流失，影响牧草的生长，使草原衰败。”

“老鼠这样可恶，我们应该放毒药毒死这些可恶的老鼠。”豆富义愤填膺地说。

“毒死老鼠，它的天敌吃了死鼠，也会死亡，引起一连串反应，影响到大自然的食物链，这个方法不科学。而人工挖掘灭鼠也会破坏草原。所以最好的方法是利用生物治鼠。”丁钉说。

说话间，天空中几只老鹰在翱翔。

“大家看，老鼠的天敌——老鹰来了。这里这么多老鼠，老鹰一定可以美餐一顿。”丁钉说，“我们不妨在原地趴下，看看老鹰是怎么吃老鼠的。”

于是，大家按照丁钉的意思趴在草原上，仔细观察起来。

草原上的牧草很厚、很软，趴在上面十分舒服。

只见一只老鹰俯冲下来，对准地面上的老鼠伸出爪子，它牢牢抓住老鼠，飞到一边的高土堆上，按住老鼠啄吃起来。

几只老鹰在空中不停地翱翔、俯冲，对地上的老鼠是一个不小的冲击。

大家仔细观察着，突然，5 只狼进入大家的视线。

豆富十分惊慌地说：“这 5 只狼来干什么呢？不会是冲着我们来的吧？”

“我看它们是来吃老鼠的。”丁钉盯着狼的行动说，“这 5 只狼应该是一家子，狼父母带着 3 个孩子。”

“狼怎么吃老鼠呀？”豆富不解。

“狼的嗅觉很灵敏，它们只要闻到老鼠的气味，就会就地挖掘，把藏在地下的老鼠挖出来吃掉。”丁钉给大家介绍道。

大家一看，还真是这个样子。

小狼动作迟缓，用了很长时间也挖不到一只老鼠。老狼见了，就挖出一只老鼠，让小狼去捕捉，锻炼小狼的捕食能力。

这时，一只老鹰发现了草原上的兔子，开始在兔子的上空盘旋。老鹰的影子不停晃动，被兔子发现了。兔子撒腿就跑，老鹰在空中追赶。当老鹰俯冲要捉兔子时，兔子急忙“紧急刹车”，老鹰扑空了，差一点摔到地上，只好飞到天空重新追击。老鹰很快又追上了兔子，兔子突然停下了，肚子朝上躺下。老鹰朝着兔子扑了过来，兔子突然用脚朝老鹰的头部猛蹬，老鹰尖叫一声飞走了。

原来，这是一只具有丰富反追捕经验的老兔子。兔子这一动作使老鹰不敢再轻举妄动，只能在高处监视着这只兔子。

兔子还在奔跑着。它跑了一阵后，似乎以为脱离了危险，便停了下来。说时迟那时快，天空中的老鹰猛扑下来，狠狠地抓住了兔子的脖子，带着它飞到高空，不一会儿就不见了。

天空中一阵黑影掠过，只见一只雕从西边天空飞来，在草原上空盘旋着。它发现了在地上觅食的小狼一家，似乎对小狼很感兴趣。它伺机朝小狼冲过去，用爪子抓住小狼的脊背，迅速飞高，飞到对面山上去了。

老狼见孩子被雕抓走，急忙去追赶，不一会儿就离开了丁钉小组的视野。

刚才十分喧嚣的草原突然安静了下来，丁钉小组的成员们都有些唏嘘，没人说话。

片刻后，豆富说："想不到这平静的草原根本不平静。老鼠、兔子吃牧草，老鹰吃兔子，狼吃老鼠，雕吃小狼。这草原上的自然法则真是让人十分紧张，惊吓不已。"

大家点点头，十分赞同豆富的话。

小伙伴们收拾好背包，离开了这片草原。

# 尾 声

丁钉小组的荒野探险到这里就要结束了，他们圆满地完成了荒野探险任务，准备起程，返回家乡。

家长也期盼着孩子的早日归来！